MON CAHIER DE VACANCES
SPÉCIAL CHAT

Textes et conception des jeux : Nicole Masson et Yann Caudal

Direction : Guillaume Pô

Direction éditoriale : Élisabeth Pegeon

Édition : Liza Person-Lisiecki

Direction artistique : Julie Mathieu

Couverture : Mathilde Corbel

Conception graphique : Sophie Compagne

Mise en pages : Sophie Compagne

Direction de fabrication : Thierry Dubus

Fabrication : Marie Dubourg

Dessins et photos de l'intérieur et de la couverture : shutterstock.com

57 rue Gaston Tessier CS 50061
75166 Paris cedex 19
Dépôt légal : mai 2025
ISBN : 978-2-8153-2312-3
N° d'édition : RU23123

www.rusticaeditions.com

MON CAHIER DE VACANCES
SPÉCIAL CHAT

Jeux de mots

Labyrinthes, coloriages

Sudocat, quiz, logigrilles

Rustica éditions

LABYRINTHE

Quelle entrée le chat doit-il emprunter pour se frayer un chemin dans la pyramide ?

QUI A DIT ?

1. « Vous ne connaîtrez jamais autant votre chat que votre chat vous connaîtra.

JEAN COCTEAU ☐ MICHEL DE MONTAIGNE ☐

2. « Les chats voient clair la nuit, mais ça ne leur sert à rien. Les chattes voient clair aussi. »

BORIS VIAN ☐ FRANÇOIS CAVANNA ☐

3. « Le chat n'est pas tenu de vivre selon les lois du lion. »

BOOBA ☐ BARUCH SPINOZA ☐

LE CHAVIEZ-VOUS ?

La déesse Bastet

Bastet, déesse égyptienne de la joie, du foyer, de la chaleur du soleil, de la maternité et protectrice des femmes enceintes et des enfants, était représentée sous la forme d'une femme à tête de chat ou de lionne. Elle est à la fois douce et sauvage. Fille du dieu soleil Rê, on la représente souvent souriante, mais elle est également réputée pour ses terribles colères. Sous les traits d'une déesse à tête de lionne, elle s'identifie alors à la redoutable déesse de la guerre, Sekhmet.

DOMINO CAT

Placez correctement les paires de chats manquants, sachant que chacun des 6 chats est présent dans chaque ligne et chaque colonne de la grille.

1

2

3

4

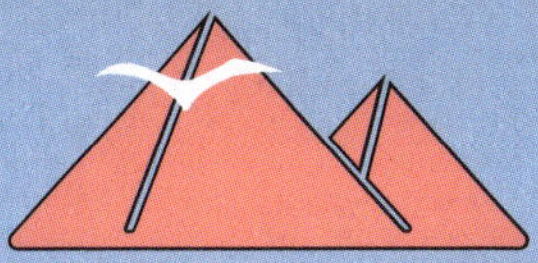

CHAT EN PYRAMIDE

Retrouvez des mots qui commencent par la syllabe CAT.

INDICES

(dans le désordre)

- Ville sicilienne
- Calamiteux
- Emplâtre
- Langue parlée à Barcelone
- Personnage de Comics
- Chrétiens
- Lutte
- Péremptoires
- Défaitiste
- Inventaire

C	A	T											
C	A	T											
C	A	T											
C	A	T											
C	A	T											
C	A	T											
C	A	T											
C	A	T											
C	A	T											
C	A	T											

Chat mystère

À travers ces indices, pouvez-vous retrouver la race de chat qui est évoquée ?

1. La race, très ancienne, est originaire d'Asie Mineure.
2. C'est un chat élégant à la robe mi-longue, plus fournie au niveau de l'encolure.
3. Marie-Antoinette en possédait plusieurs.
4. Longtemps, seule la robe blanche était admise, mais aujourd'hui les variantes colorées sont très recherchées.

Je suis : ....

SUDOCAT

Complétez cette grille avec les lettres de M, O, U, S, T, A, C, H, E, sachant que toutes les lettres se trouvent dans chaque ligne, chaque colonne et chaque carré 3 x 3 (région).

					E	M	U	S
				C	S			
E							T	
C				E	O		A	
		T				H		
	A		C	M				U
	U							H
			S	O				
M	E	O	A					

MANDALA-CHAT

CHAT LOGIQUE

**À quoi rêve minou ?
Pour le savoir il vous faut déchiffrer la grille pour reconstituer le dessin.**

Nous vous indiquons des cases à noircir dans la grille, en partant de la gauche pour chaque ligne et en partant du haut pour chaque colonne : par exemple **3 1** dans une ligne signifie qu'on trouvera sur cette ligne une série de **3** cases noires puis **1** case noire isolée en partant de la gauche. Chaque case ou groupe de cases noires est séparé par au moins une case blanche.

Pour commencer, cherchez un grand chiffre, par exemple ici le **14** horizontal. Comptez **14** cases en partant de la gauche et faites une marque dans la 14e case.
Comptez **14** cases en partant de la droite et faites une marque dans la 14e case. Vous pouvez noircir toutes les cases situées entre les deux marques.

EXEMPLE

3 1	□	■	■	■	□	□	■	□	□	□	□	□	□	□	□

	1	1 1	1 2 3	1 1 2 1 2	2 6 1	1 1 3 1	1 2 6 1	1 3 3 1	1 2 4 1	1 1 6 1	2 7 1	2 5 2	4 2 1 1	2 4	1 1
6															
1 2															
2 2															
1 1 1 1															
1 6 1															
1 1 3															
1 2 3															
5 6															
14															
8															
3 5 2															
1 1 1 1															
4 1															
1 4															
8															

PROVERBES EN DÉSORDRE

Voici deux proverbes du monde où les chats apparaissent.

Remettez dans l'ordre les morceaux de phrases pour les reconstituer. Aidez-vous des majuscules et de la ponctuation.

LE CHAVIEZ-VOUS ?

La ville de Bubastis

Bubastis (Per Bast en égyptien) était une ville de l'Égypte antique située dans le delta du Nil, à 80 km au nord-est du Caire. Elle était la capitale du 18e nome d'Égypte et le centre religieux de la déesse Bastet.

Son nom signifie « la maison de Bastet ». Bubastis était célèbre pour son temple dédié à Bastet, décrit par l'historien grec Hérodote au Ve siècle avant J.-C. On y célébrait des fêtes annuelles en l'honneur de la déesse, attirant des centaines de milliers de personnes. Ces fêtes étaient l'occasion de sacrifices et de grandes consommations de vin. La ville possédait aussi un temple d'Atoum et un temple de Mahès, formant une triade divine. Une nécropole de chats sacrés a été découverte à Bubastis, contenant une grande quantité de momies de chats.

CHATS MÊLÉS

Voici une liste de 16 noms de chat parmi les plus donnés en 2024, retrouvez-les tous dans la grille. Ils peuvent être écrits verticalement, horizontalement ou en diagonale, à l'endroit ou à l'envers.

Les lettres restantes vous donneront le nom de la race préférée des Français en 2024 dans le classement du LOOF.

- NALA
- VANILLE
- VENOM
- VIOLETTE
- VOLT
- WENDY
- WINNIE
- WOODY
- XENA
- YODA
- YOSHI
- YUMI
- ZELDA
- ZEPHYR
- ZEUS
- ZOE

M	E	T	T	E	L	O	I	V
V	A	N	I	L	L	E	W	A
W	A	I	H	S	O	Y	O	R
I	L	Y	U	M	I	V	O	Y
N	A	W	O	M	I	X	D	H
N	N	Z	E	D	O	E	Y	P
I	N	E	E	N	A	N	O	E
E	C	O	O	U	D	A	E	Z
Z	E	L	D	A	S	Y	N	V

COPYCAT
COPYCAT

Retrouvez le chat qui n'a pas son reflet.

Parmi ces races, lesquelles ont le poil frisé ?

SOKOKÉ
LAPERM
CORNISH REX
GERMAN REX
PIXIE BOB
NORVÉGIEN

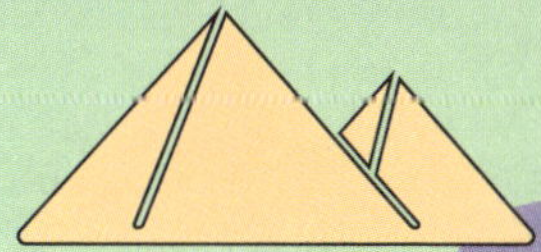

CHAT EN PYRAMIDE

Retrouvez des mots qui commencent par CHA. La partie qui suit cette première syllabe forme un mot à part entière et l'indice concerne ce mot ajouté à CHA pour en former un autre.

INDICES

- Morceau de squelette
- Balle à rejouer
- Partie d'année
- Rate
- Plaisantins
- Gant de cuisine
- Remuer

C	H	A								
C	H	A								
C	H	A								
C	H	A								
C	H	A								
C	H	A								
C	H	A								

DOMINO CAT

Placez correctement les paires de chats manquants, sachant que chacun des 6 chats est présent dans chaque ligne et chaque colonne de la grille.

1

2

3

4

LABYRINTHE

Quelle entrée le chat doit-il emprunter pour se frayer un chemin dans la pyramide ?

Chat mystère

À travers ces indices, pouvez-vous retrouver la race de chat qui est évoquée ?

1. Cette race est issue d'un croisement entre un chat domestique et un chat léopard d'Asie dans les années 1960.

2. Chat athlétique au poil ras, sa robe se caractérise par des taches qui rappellent la robe d'un ocelot.

3. Malgré ses origines sauvages, il est très affectueux et s'entend bien avec les humains et les autres animaux.

4. Contrairement à beaucoup d'autres chats, il apprécie souvent de jouer ou de s'amuser avec l'eau.

Je suis : ....

ENTRECHATS

Quelques chats qui rappellent des chats de fiction ?

Horizontalement

1. *Pinocchio*
4. Leonard
7. Sailor Moon
8. Jerry
11. Cubitus
13. *Alice au pays des merveilles*
14. *Les Aristochats*

Verticalement

2. Gargamel
3. Cendrillon
5. Hermione Granger
6. Pif
9. *Martine*
10. *Alf*
12. *Sabrina, l'apprentie sorcière*

LE CHAVIEZ-VOUS ?

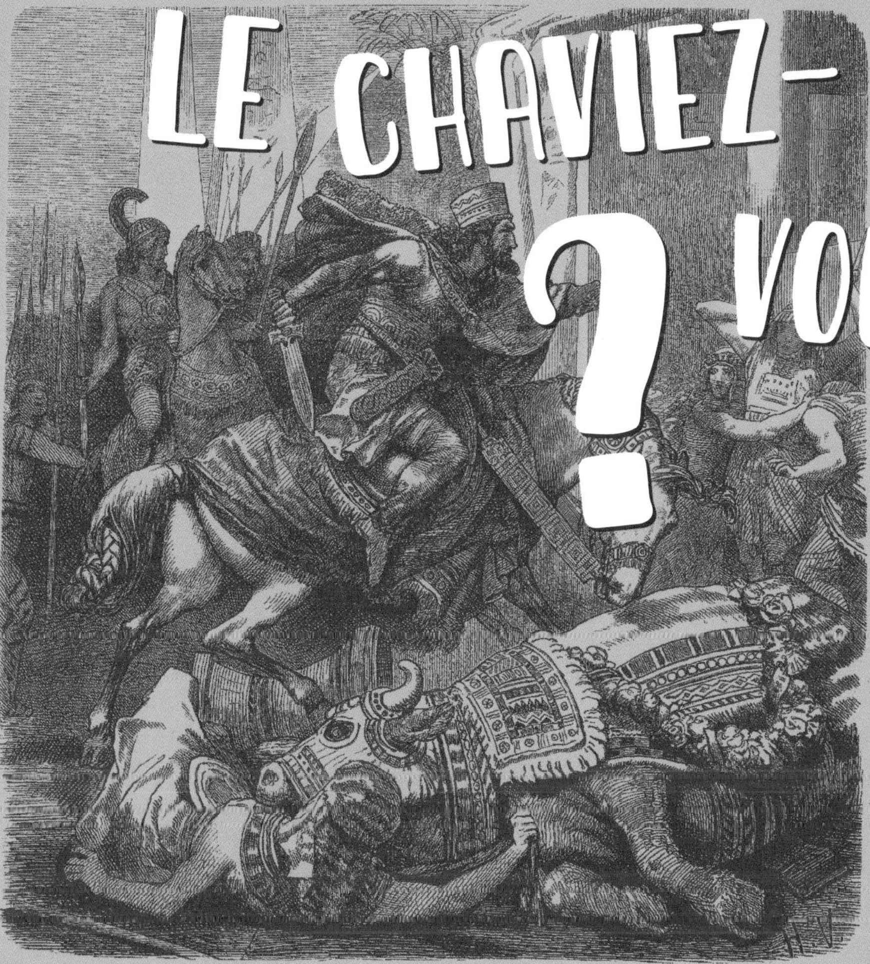

La bataille de Péluse et la ruse des chats

En 525 avant J.-C., le roi perse Cambyse II assiégeait la ville égyptienne de Péluse. Les Égyptiens résistaient farouchement aux Perses. Selon l'historien grec Polyen, Cambyse utilisa une ruse pour prendre la ville. Connaissant la vénération des Égyptiens pour les chats, il fit dessiner des chats sur les boucliers et placer des chats devant ses troupes. Les Égyptiens, refusant de blesser les animaux sacrés, cessèrent le combat et Péluse tomba aux mains des Perses. Cet épisode, relaté par Polyen plusieurs siècles après les faits, est peut-être une légende. Il illustre cependant l'importance du chat dans la société égyptienne et le respect que lui portaient les habitants de la vallée du Nil.

CHAT LOGIQUE

À quoi rêve minou ?
Pour le savoir il vous faut déchiffrer la grille pour reconstituer le dessin.

Nous vous indiquons des cases à noircir dans la grille, en partant de la gauche pour chaque ligne et en partant du haut pour chaque colonne : par exemple **3 1** dans une ligne signifie qu'on trouvera sur cette ligne une série de **3** cases noires puis **1** case noire isolée en partant de la gauche. Chaque case ou groupe de cases noires est séparé par au moins une case blanche.

Pour commencer, cherchez un grand chiffre, par exemple ici le **15** horizontal. Comptez **15** cases en partant de la gauche et faites une marque dans la 15e case.
Comptez **15** cases en partant de la droite et faites une marque dans la 15e case. Vous pouvez noircir toutes les cases situées entre les deux marques.

EXEMPLE

3 1		■	■	■			■								

	1 3	1 3	2 1	3 1	2 2 1 1	1 2 7	4 1 5	3 2 1	4 5 1	1 2 7	2 6	3 1	1 1	1 3	1 3
2 2															
1 1 1 1															
3 3															
5															
1															
5															
2 3															
4 4															
1 2 7															
14															
2 2															
15															
2 2															
2 2															

MANDALA-CHAT

OBJETS CACHÉS

Retrouvez les 10 objets cachés dans l'image le plus rapidement possible.

PROVERBES EN DÉSORDRE

Voici deux proverbes du monde
où les chats apparaissent.

Remettez dans l'ordre les morceaux
de phrases pour les reconstituer.
Aidez-vous des majuscules et de la ponctuation.

....

....

....

....

CHATS MÊLÉS

2025 sera l'année des noms en A. Voici une liste de noms possibles, retrouvez-les tous dans la grille. Ils peuvent être écrits verticalement, horizontalement ou en diagonale, à l'endroit ou à l'envers. Les lettres restantes vous donneront le nom d'un petit chat roux, star d'Instagram, suivi par 700 000 abonnés.

ABBA
ABRICOT
ABSCISSE
ACHILLE
ACME
ADN
AENOR
AEON
AIOLI
ALAS
ALEX
ALF
ALIBI
ALMA
ALOHA
ALPHA
AMAZON
AMIR
ANDOR
ANGE
ANIS
APEX
APOCALYPSE
APPLE
ARES
ARIEL
ARLO
ARROW
ARWEN
ARYA
ASH
ASIA
ASKO
ASLAN
ASTERIX
ATHENA
ATOM
AVRIL
AXIS
AXONE
AZRAEL
AZUR

A	A	T	H	E	N	A	A	H	O	L	A	B
R	B	A	W	M	O	T	A	A	L	I	B	I
W	R	L	O	C	O	A	P	N	E	R	E	R
E	I	P	R	A	K	L	O	D	I	V	N	O
N	C	H	R	B	S	F	C	O	R	A	D	N
A	O	A	A	E	A	A	A	R	A	N	C	E
B	T	Z	A	Z	X	E	L	A	S	A	N	A
S	E	R	A	X	U	E	Y	A	T	O	O	T
C	L	A	S	M	O	R	P	A	E	L	A	A
I	P	E	L	I	A	N	S	A	R	X	S	M
S	P	L	C	M	N	I	E	A	I	O	L	I
S	A	B	B	A	A	A	A	S	X	T	A	R
E	A	C	H	I	L	L	E	H	E	G	N	A

LE BON AGENCEMENT

Essayez d'agencer toutes ces pièces pour reformer le chat.

Chat mystère

À travers ces indices, pouvez-vous retrouver la race de chat qui est évoquée ?

1. Ce chat se distingue par son pelage court et dense avec un sous-poil argenté.

2. Ses grands yeux en amande d'un vert éclatant contrastent magnifiquement avec sa robe.

3. Il est connu pour son caractère réservé, mais affectueux avec les personnes de confiance.

4. La race a été introduite en France à la fin du XIXe siècle.

Je suis : ....

LABYRINTHE

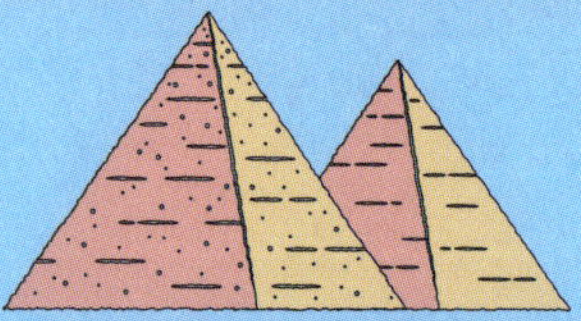

Quelle entrée le chat doit-il emprunter pour se frayer un chemin dans la pyramide ?

D'UNE RACE À L'AUTRE

À l'aide des indices, passez du CHAUSIE au SIAMOIS

C								S	Indiscrètes
H								I	Tâtonnerai
A								A	Quitta
U								M	Sommation
S								O	Cité corsaire (2 mots)
I								I	Insatisfait
E								S	Adorateurs de Bastet

LE CHAVIEZ-VOUS ?

Domestication du chat

On pense que la domestication du chat a eu lieu dans le Croissant Fertile vers 7500 avant J.-C. et en Égypte vers le 4e millénaire avant notre ère. Les chats sauvages, comme le chat sauvage d'Afrique (*Felis silvestris lybica*), ont probablement été attirés par les rongeurs qui infestaient les greniers à grains. Les Égyptiens ont rapidement apprécié la présence des chats pour leur capacité à protéger les récoltes et à éliminer les serpents venimeux. Le *chaus* ou chat des marais (*Felis chaus*) vivait aussi en Égypte. Il est un excellent nageur et chasseur de rongeurs, de lièvres et d'oiseaux.

Embrouillamini

Quel bazar ! Sur quel fil le chat doit-il tirer pour attraper la pelote ?

Mini quiz villes

1. Dans quelle ville peut-on voir la statue de Tombili, un chat des rues devenu célèbre après une photo devenue virale sur Internet ?

- SAN FRANCISCO ☐
- NAPLES ☐
- ISTANBUL ☐

2. Dans quelle ville peut-on caresser la queue de Panteleymon pour attirer la chance ?

- KIEV ☐
- VARSOVIE ☐
- BUDAPEST ☐

3. Sur quelle île méditerranéenne peut-on voir une statue géante et multicolore de chat au milieu d'un parc dédié aux chats errants ?

- À DJERBA ☐
- À MALTE ☐
- EN SICILE ☐

À CHACUN SON CHAT

S'il y a une longue tradition de chiens à la Maison Blanche, beaucoup de présidents américains étaient aussi des amoureux des chats.

Reliez chaque chat à son illustre propriétaire.

Dixie	☐	☐	Joe Biden
India	☐	☐	George W. Bush
Misty Malarky Ying Yang	☐	☐	Jimmy Carter
Slippers	☐	☐	Bill Clinton
Socks	☐	☐	John F. Kennedy
Tom Kitten	☐	☐	Abraham Lincoln
Willow	☐	☐	Theodore Roosevelt

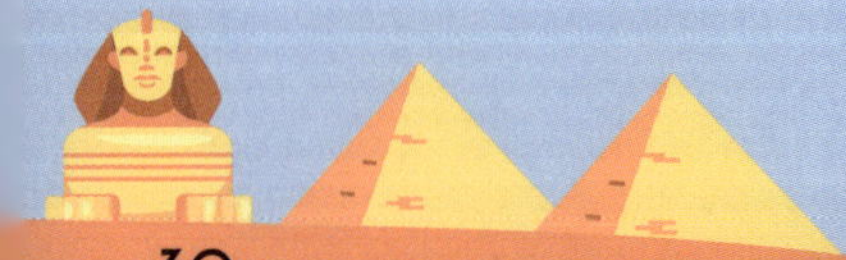

À quoi rêve minou ? Pour le savoir, il vous faut déchiffrer la grille pour reconstituer le dessin.

CHAT LOGIQUE

Nous vous indiquons des cases à noircir dans la grille, en partant de la gauche pour chaque ligne et en partant du haut pour chaque colonne. Par exemple, **3 1** dans une ligne signifie qu'on trouvera sur celle-ci une série de **3** cases noires puis **1** case noire isolée. Chaque case ou groupe de cases noires est séparé par au moins une case blanche.

Pour commencer, cherchez un grand chiffre, par exemple ici le **15** horizontal. Comptez **15** cases en partant de la gauche et faites une marque dans la 15ᵉ case. Comptez **15** cases en partant de la droite et faites une marque dans la 15ᵉ case. Vous pouvez noircir toutes les cases situées entre ces deux marques.

EXEMPLE

3 1		■	■	■			■								

					2	3	5	3	2						
			1	4	2	3	2	2	3	4	1			1	
			2	4	1	1	1	1	1	4	2		4	1	4
	1	1	1	1	2	2	3	2	2	1	1	1	1	1	1
3 3															
1 5 1 1 1															
7 1 1															
1 1 1 3															
1 2 2															
3 3															
5															
1 1 1															
3 3															
2 1 1 2															
1 1															
1 1															
15															
3															
1															

LE CHAVIEZ-VOUS ?

Momies de chats

Des milliers de momies de chats ont été retrouvées dans des cimetières à travers l'Égypte, notamment à Bubastis où la découverte d'une nécropole contenant des momies de chats fut inédite. Ces momies témoignent de l'importance des chats dans la société égyptienne et du respect qu'on leur portait. La momification est censée permettre au *ka* (l'esprit) du défunt de retrouver son hôte dans l'autre monde. La découverte de ces momies a permis aux archéologues d'en apprendre davantage sur les pratiques funéraires de l'Égypte ancienne.

GRAND QUIZ

COMPORTEMENT DU CHAT

1. Pourquoi un chat remue-t-il la queue de manière saccadée ?
   A. Il est fatigué.
   B. Il est excité ou agacé.

2. Lorsqu'un chat garde ses yeux mi-clos en votre présence, que signifie ce comportement ?
   A. Il se méfie.
   B. Il est en confiance.

3. Pourquoi un chat tapote-t-il de la patte sur un bol d'eau avant de boire ?
   A. Pour vérifier la température de l'eau.
   B. Pour mieux estimer la distance qui le sépare de l'eau.

4. Qu'exprime un chat qui plaque ses oreilles en arrière ?
   A. De la culpabilité.
   B. De l'irritation.

5. Un chat qui lève sa queue bien droite avec le bout légèrement recourbé exprime :
   A. Une attitude amicale et confiante.
   B. De la peur.

DOMINO CAT

Placez correctement les paires de chats manquants, sachant que chacun des 6 chats est présent dans chaque ligne et chaque colonne de la grille.

3

4

1

2

QUI A DIT ?

1. « La mélancolie, c'est un chat perdu qu'on croit retrouvé. » CHARLES BAUDELAIRE ☐ LÉO FERRÉ ☐

2. « La principale différence entre un chat et un mensonge, c'est que le chat n'a que neuf vies. » MARK TWAIN ☐ FRÉDÉRIC BEIGBEDER ☐

3. « Le chat ne pense pas ; pourtant il a l'air aussi profond que s'il pensait. » ANTOINE DE SAINT-EXUPÉRY ☐ JULES RENARD ☐

D'UNE RACE À L'AUTRE

À l'aide des indices, passez du TIFFANY à l'ANATOLI

T							A	Galette de maïs
I							N	Chimère
F							A	Petit pain italien
F							T	Morceau
A							O	Alcool italien
N							L	Qui concerne un pays
Y							I	Acrobate urbain

SUDOCAT

Complétez cette grille avec les lettres N, Y, C, T, A, L, O, P, E, sachant que toutes les lettres se trouvent dans chaque ligne, chaque colonne et chaque carré 3 x 3 (région).

				N		O		
	P							
T		A			P		Y	
	O				N			
					E		N	
	C			T		P		
		Y				C	A	
	T	N	E					
E		O	L			Y		

PETIT QUIZ

1. Quelle race de chat est connue pour sa queue courte et enroulée sur elle-même ?

- LE MUNCHKIN ☐
- LE JAPANESE BOBTAIL ☐
- LE NORVÉGIEN ☐

2. Quelle race a été développée pour ressembler à un tigre miniature ?

- LE BENGAL ☐
- LE SAVANNAH ☐
- LE TOYGER ☐

3. Quelle race a été créée dans le but de ressembler à une panthère noire ?

- LE BOMBAY ☐
- LE CEYLAN ☐
- LE CHAUSIE ☐

T'AS DE BEAUX YEUX !

Démêlez le vrai du faux.

1. Le Havana Brown a toujours les yeux de couleur verte.

VRAI ☐ FAUX ☐

2. Le Tonkinois a toujours les yeux bleus.

VRAI ☐ FAUX ☐

3. Le Ragdoll a toujours les yeux bleus.

VRAI ☐ FAUX ☐

4. Le Bombay a toujours les yeux dorés.

VRAI ☐ FAUX ☐

5. Le Chartreux a les yeux de couleur bleue ou verte.

VRAI ☐ FAUX ☐

LE CHAVIEZ-VOUS ?

D'autres félins dans la mythologie égyptienne

Outre Bastet, d'autres divinités égyptiennes étaient associées aux félins. Mafdet, déesse de la justice et de la protection, était représentée avec une tête de panthère. Sekhmet, déesse de la guerre, était représentée avec une tête de lionne et était l'instrument de vengeance du dieu du soleil Rê. Miysis, dieu de la guerre, était représenté sous la forme d'un lion. Ces divinités montrent la fascination des Égyptiens pour les félins et leurs attributs.

MANDALA-CHAT

Quoi de mieux pour
se détendre qu'un beau mandala
à colorier selon
vos envies . . .

Embrouillamini

Quel bazar ! Redonnez son numéro à chaque pelote.

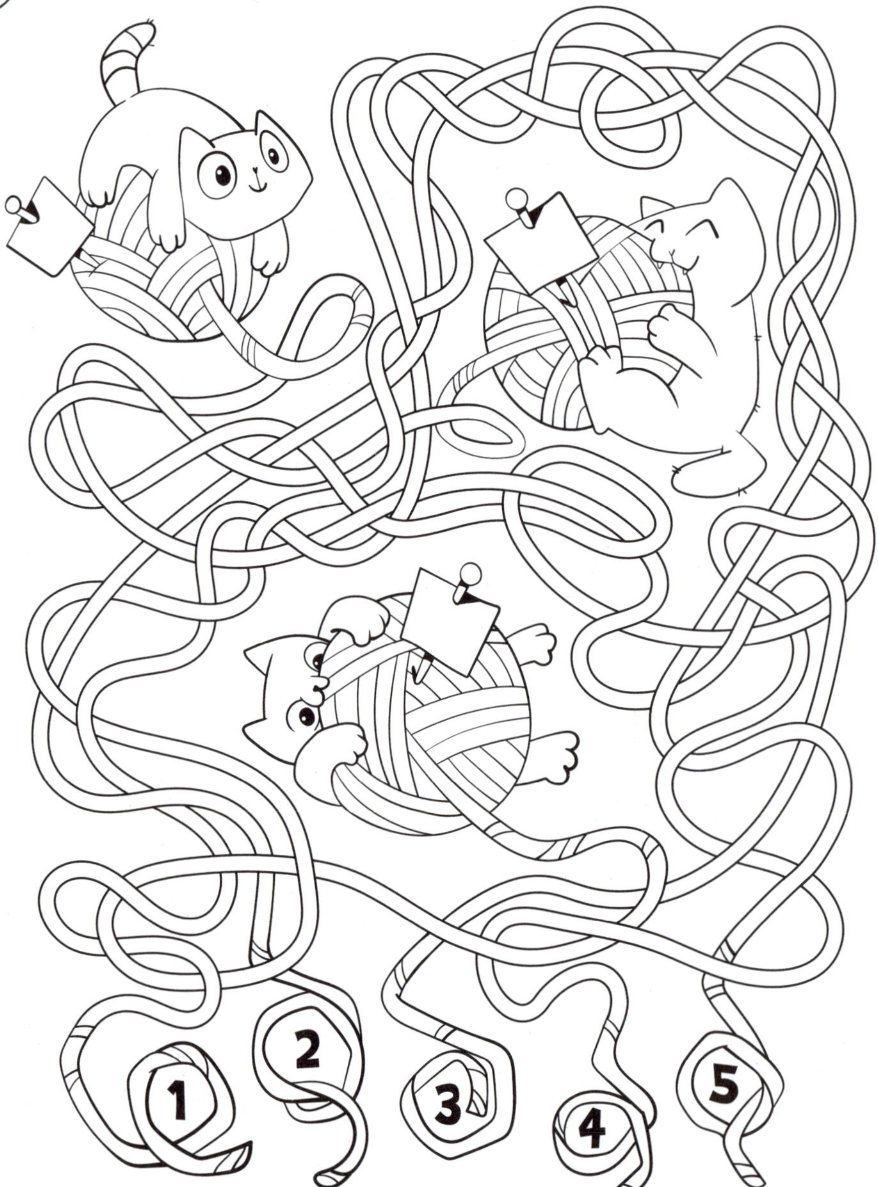

PROVERBES EN DÉSORDRE

Voici deux proverbes du monde
où les chats apparaissent.
Remettez dans l'ordre les morceaux
de phrases pour les reconstituer.
Aidez-vous des majuscules et de la ponctuation.

....

....

....

....

LABYRINTHE

Quelle entrée le chat doit-il emprunter pour se frayer un chemin dans la pyramide ?

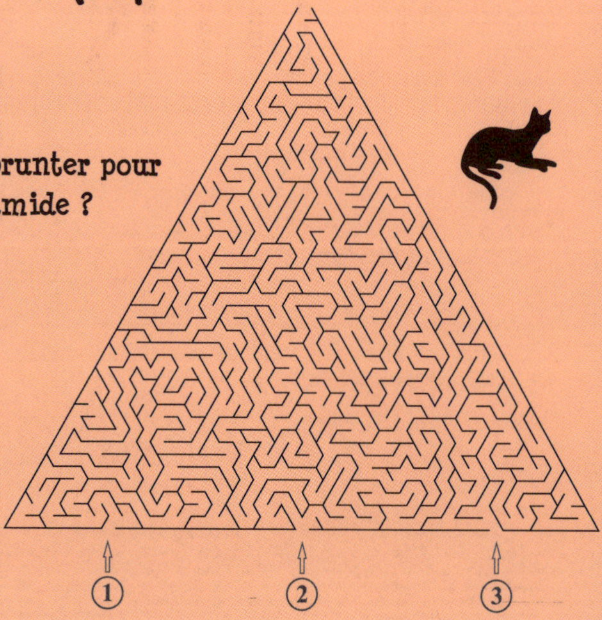

D'UNE RACE À L'AUTRE

À l'aide des indices, passez de l'ABYSSIN au RAGDOLL

A							R	Trancher
B							A	Désastre
Y							G	Plaisance
S							D	Petit cheval écossais
S							O	Intrigue
I							L	Éternel
N							L	Traité à l'étude par un clerc

CHATS MÊLÉS

Voici une liste de mots relatifs aux différentes races de chats, retrouvez-les tous dans la grille. Ils peuvent être écrits verticalement, horizontalement ou en diagonale, à l'endroit ou à l'envers.

Les lettres restantes vous donneront le nom d'une race créée à la fin des années 1970.

ABYSSIN
BENGAL
BOBTAIL
BOMBAY
CURL
CYMRIC
DEVON
FOLD
KHAO MANEE
KORAT
MAU
OCICAT
PERSAN
RAGDOLL
REX
SAFARI
SOKOKE
THAI
TONKINOIS
TOYGER
YORK

B	A	C	I	R	M	Y	C	E	U	L
O	N	D	T	O	Y	G	E	R	L	I
M	A	E	L	A	G	N	E	B	R	A
B	S	V	L	T	A	R	O	K	U	T
A	R	O	L	M	H	S	T	R	C	B
Y	E	N	O	A	T	A	C	I	C	O
O	P	A	D	L	O	F	I	L	I	B
R	H	R	G	M	S	O	K	O	K	E
K	E	A	A	B	Y	S	S	I	N	N
X	M	U	R	S	A	F	A	R	I	I
T	O	N	K	I	N	O	I	S	S	T

PETIT QUIZ

1. Parmi ces races, laquelle est connue pour son affinité avec l'eau et aime se baigner ?

- LE CHARTREUX ☐
- LE MAINE COON ☐
- LE KURILIAN BOBTAIL ☐

2. Quelle race au dos arqué et à l'ossature fine a des allures de lévrier ?

- LE PERSAN ☐
- LE CORNISH REX ☐
- LE BURMESE ☐

3. Quelle race de chat est connue pour être particulièrement loquace et émettre une variété de sons pour communiquer ?

- LE SOKOKÉ ☐
- LE MUNCHKIN ☐
- LE DONSKOY ☐

D'UNE RACE À L'AUTRE

À l'aide des indices, passez du SAVANNAH au BALINAIS.

S							B	Domine le vide
A							A	Adopta
V							L	Perpendiculaire au sol
A							I	Futur pro
N							N	Sport aquatique
N							A	État du Midwest américain
A							I	Assis sur les talons
H							S	Fèves

LE CHAVIEZ-VOUS ?

Le chat et le dieu solaire Rê

Le chat était également associé au dieu solaire Rê en tant que pourfendeur du serpent Apophis, symbole du chaos. Chaque nuit, Apophis tentait d'empêcher Rê de renaître. Bastet, sous sa forme de chatte, protégeait la barque solaire de Rê. Cette association montre la dualité du chat, à la fois animal domestique affectueux et redoutable prédateur.

Chat mystère

À travers ces indices, pouvez-vous retrouver la race de chat qui est évoquée ?

1. Cette race descend directement des chats domestiques amenés en Europe par les Romains.
2. Elle se distingue par une incroyable diversité de couleurs et de motifs, allant du tabby classique aux robes unies, bicolores ou tricolores.
3. Avec son instinct naturel et ses compétences aiguisées, il excelle dans la chasse aux rongeurs et autres petits nuisibles.
4. Rustique et peu sujet aux maladies héréditaires, il est reconnu pour sa longévité et sa robustesse.

Je suis : ....

QUI A DIT ?

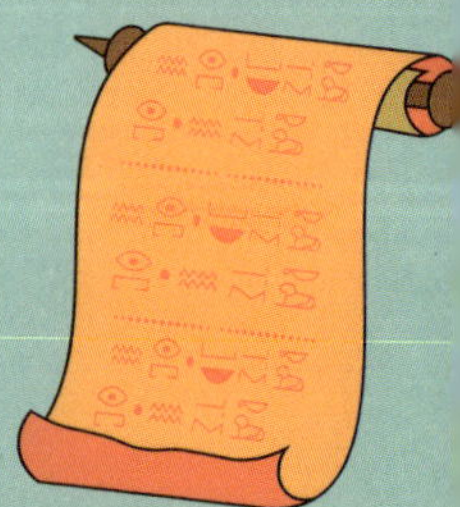

1. « Un chat, c'est un cœur avec du poil autour. »

BRIGITTE BARDOT ☐ FRANÇOISE SAGAN ☐

2. « Si l'on pouvait croiser l'homme et le chat, ça améliorerait l'homme, mais ça dégraderait le chat. »

CHARLES DARWIN ☐ MARK TWAIN ☐

3. « Dans un incendie, entre un Rembrandt et un chat, je sauverais le chat. »

MARGUERITE DURAS ☐ ALBERTO GIACOMETTI ☐

MANDALA-CHAT

CHAT LOGIQUE

À quoi rêve minou ? Pour le savoir il vous faut déchiffrer la grille pour reconstituer le dessin.

Nous vous indiquons des cases à noircir dans la grille, en partant de la gauche pour chaque ligne et en partant du haut pour chaque colonne : par exemple **3 1** dans une ligne signifie qu'on trouvera sur cette ligne une série de **3** cases noires puis **1** case noire isolée en partant de la gauche. Chaque case ou groupe de cases noires est séparé par au moins une case blanche.

Pour commencer, cherchez un grand chiffre, par exemple ici le **11** horizontal. Comptez **11** cases en partant de la gauche et faites une marque dans la 11e case.

Comptez **11** cases en partant de la droite et faites une marque dans la 11e case. Vous pouvez noircir toutes les cases situées entre les deux marques.

EXEMPLE

3 1		■	■	■			■													

Colonnes (de gauche à droite) :

Colonne	1	2	3	4	5	6	7	8	9	10	11	12	13	14	15	16	17	18	19	20
Indices	8	1 5	2 6	3 8	5 7	8 2 3	2 1 2 5	2 2 1 4 1	2 2 1 3 1	1 1 1 1 1 1	1 3 1 1 1	1 1 1 1 4	1 2 1 1 1 1	1 1 1 3 1	2 2 1 3 1	2 1 1 2 1	2 3 2 4	11	7	4

Lignes (de haut en bas) :

Ligne	Indices
1	2 2
2	3 3
3	1 9 1
4	1 1 1 2
5	1 2
6	2 2 2 4
7	4 1 1 5
8	3 3 4
9	2 1 1 1 3
10	2 8 2
11	3 2 2
12	1 2 11
13	1 2 1 1
14	1 3 2 2
15	5 1 1
16	5 2 2
17	8 3 2
18	7 1 1
19	6 1 1
20	11

LE CHAVIEZ-VOUS ?

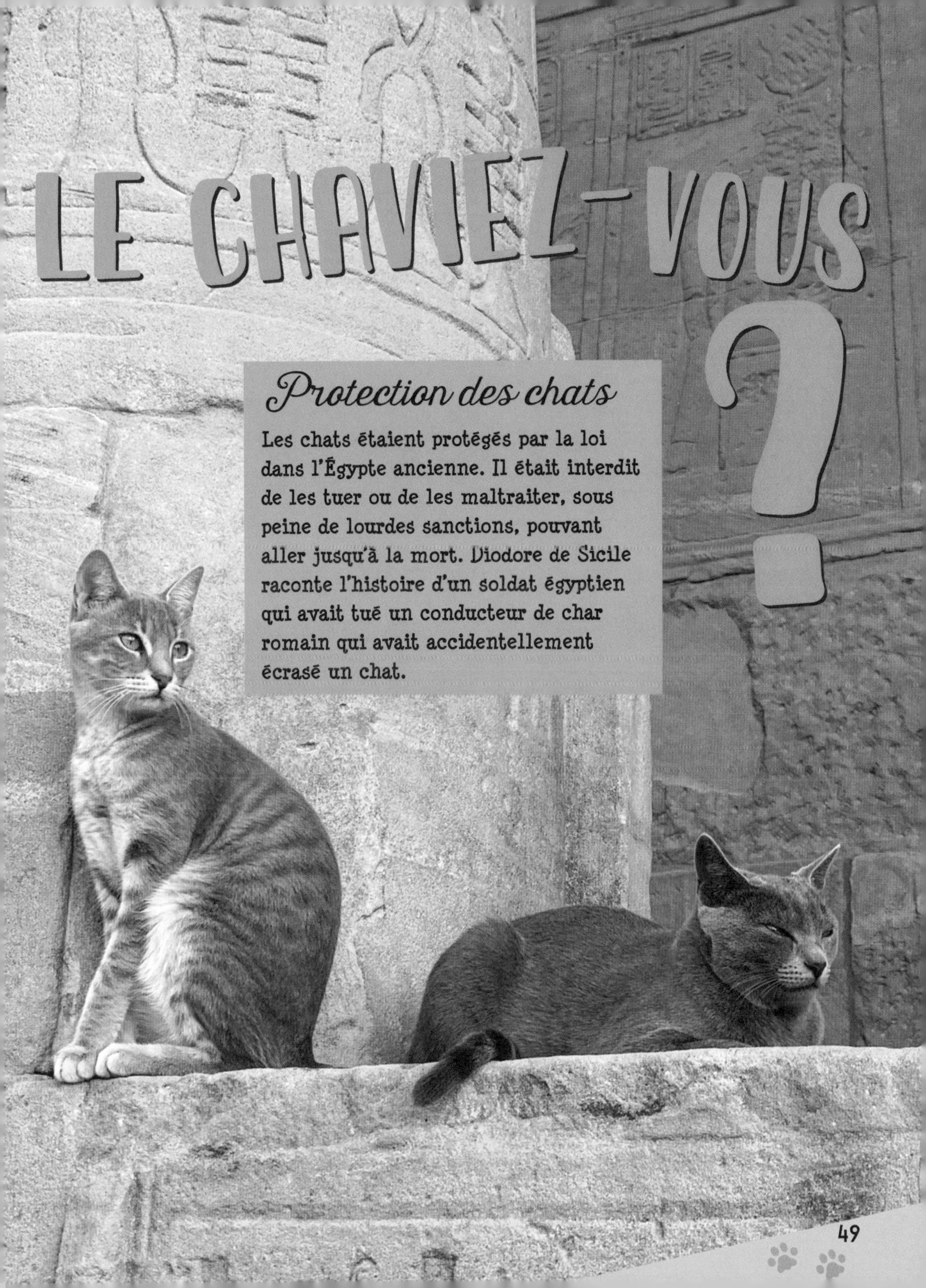

Protection des chats

Les chats étaient protégés par la loi dans l'Égypte ancienne. Il était interdit de les tuer ou de les maltraiter, sous peine de lourdes sanctions, pouvant aller jusqu'à la mort. Diodore de Sicile raconte l'histoire d'un soldat égyptien qui avait tué un conducteur de char romain qui avait accidentellement écrasé un chat.

CHAT EN PYRAMIDE

Retrouvez des mots qui contiennent dans l'ordre toutes les lettres du mot CHAT.

C	H	A		T										
		C	H	A		T								
C	H					A	T							
		C		H		A	T							
	C	H			A	T								
	C	H	A		T									
			C	H			A	T						
		C	H					A	T					
				C	H	A							T	
			C	H						A	T			

INDICES

(dans le désordre)

- Malveillant
- Coordination
- Vertueux
- Fous
- Noisette italienne
- Simplifie
- Sample
- Friandise
- Arrangement musical
- Récupération de données

Chat mystère

À travers ces indices, pouvez-vous retrouver la race de chat qui est évoquée ?

1. La race fut probablement introduite en Europe au Moyen Âge par les croisés de retour du Moyen-Orient.
2. Ce chat se reconnaît à sa robe dense et laineuse, toujours d'un gris-bleu uniforme, qui le distingue immédiatement.
3. Ses grands yeux ronds, d'un jaune intense ou cuivré, contrastent magnifiquement avec sa robe.
4. Cette race est surnommée le « chat souriant » en raison de la forme particulière de sa bouche.

Je suis : ....

COPYCAT COPYCAT

Retrouvez les deux chats identiques.

OBJETS CACHÉS

Retrouvez les 10 objets cachés dans l'image le plus rapidement possible.

Embrouillamini

Quel bazar ! rendez sa queue à chacun des chats !

LE CHAVIEZ-VOUS ?

Le Mau Égyptien : un voyage à travers le temps

Le Mau Égyptien est une race qui porte en elle l'héritage de l'Égypte ancienne. Sa robe tachetée naturelle, un marquage « spotted tabby » unique parmi les races félines, et ses yeux verts caractéristiques évoquent les représentations des chats dans l'art égyptien antique.

Développée au milieu du xxe siècle à partir de chats originaires d'Égypte et d'Inde, la race a connu des défis pour maintenir sa diversité génétique. Aujourd'hui, le Mau Égyptien est reconnu par les principaux registres d'élevage félins, notamment le LOOF en France.

Ce félin élégant et athlétique, à la silhouette svelte, est réputé pour son caractère actif et intelligent, et son attachement à ses propriétaires.

ENTRECHATS

Saurez-vous retrouver toutes les espèces de félins cachées dans cette grille ?

Horizontalement

1. Chat aux oreilles noires
5. Lion de montagne
6. Plus grand félin sauvage de la planète
7. Loup-cervier
9. Chat des Marais
11. Jaguatirica au Brésil
12. Plus petit félin d'Amérique

Verticalement

2. *Felis catus*
3. Chat-tigre
4. Chat des pampas
5. Léopard
8. Roi des animaux
10. Ancêtre du Savannah

LE BON AGENCEMENT

Essayez d'agencer toutes ces pièces pour reformer le chat.

D'UNE RACE À L'AUTRE

À l'aide des indices, passez du BURMILLA au MANDARIN

B							M	Mascotte en pneu
U							A	Volera
R							N	Gros rongeur
M							D	Balance
I							A	Vérifia
L							R	Tergiverser
L							I	Raterai
A							N	Personnage de la commedia dell'arte

LE CHAVIEZ-VOUS ?

Le chat dans la vie quotidienne

Les chats étaient des animaux de compagnie très appréciés dans l'Égypte ancienne. On les trouvait dans les maisons, les palais et les temples. Ils étaient souvent représentés dans l'art égyptien, sur des vases, des bijoux et des peintures. Il existe de nombreuses peintures murales relatant les différentes étapes de la vie du chat dans la société égyptienne, notamment celle exposée au British Museum à Londres, représentant un chat accompagnant son maître à la chasse.

MANDALA-CHAT

Quoi de mieux pour se détendre qu'un beau mandala à colorier selon vos envies . . .

CHAT EN PYRAMIDE

Les Égyptiens de l'antiquité nommaient le chat par l'onomatopée MIOU.

Retrouvez des mots qui contiennent dans l'ordre toutes les lettres du mot MIOU.

M	I		O	U									
M			I		O	U							
M	I			O	U								
M	I		O			U							
		M	I	O				U					
		M			I	O			U				
			M	I				O		U			
	M			I		O				U			
M	I						O					U	

INDICES

(dans le désordre)

- État américain
- Étudie les auteurs des deux définitions qui l'encadrent
- Mi-homme, mi-taureau
- Chats
- Transporteur
- Pillard
- Pardonne facilement
- Dieu indien
- Marie Besnard

SOLUTIONS

PAGE 4

Labyrinthe

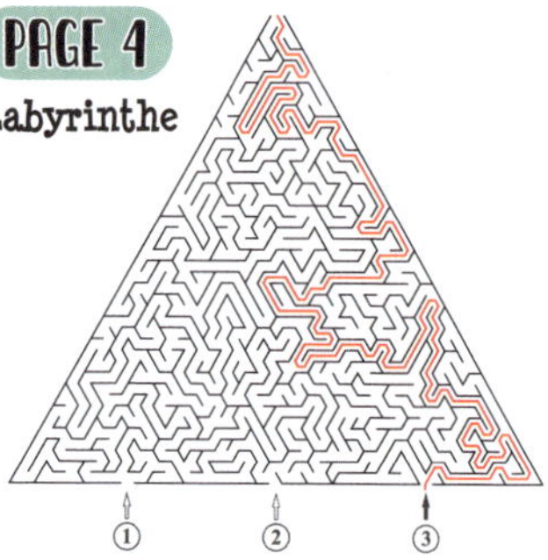

Qui a dit ?

1. Michel de Montaigne.
2. François Cavanna.
3. Baruch Spinoza.

PAGE 6

Domino cat

PAGE 7

Chat en pyramide

C	A	T	C	H									
C	A	T	A	N	E								
C	A	T	A	L	A	N							
C	A	T	W	O	M	A	N						
C	A	T	A	L	O	G	U	E					
C	A	T	A	P	L	A	S	M	E				
C	A	T	H	O	L	I	Q	U	E	S			
C	A	T	E	G	O	R	I	Q	U	E	S		
C	A	T	A	C	L	Y	S	M	I	Q	U	E	
C	A	T	A	S	T	R	O	P	H	I	S	T	E

Chat mystère

L'Angora Turc.

PAGE 8

Sudocat

T	C	A	O	H	E	M	U	S
U	O	M	T	C	S	E	H	A
E	H	S	M	A	U	C	T	O
C	S	U	H	E	O	T	A	M
O	M	T	U	S	A	H	E	C
H	A	E	C	M	T	O	S	U
S	U	C	E	T	M	A	O	H
A	T	H	S	O	C	U	M	E
M	E	O	A	U	H	S	C	T

PAGE 10

Chat logique

Un poussin.

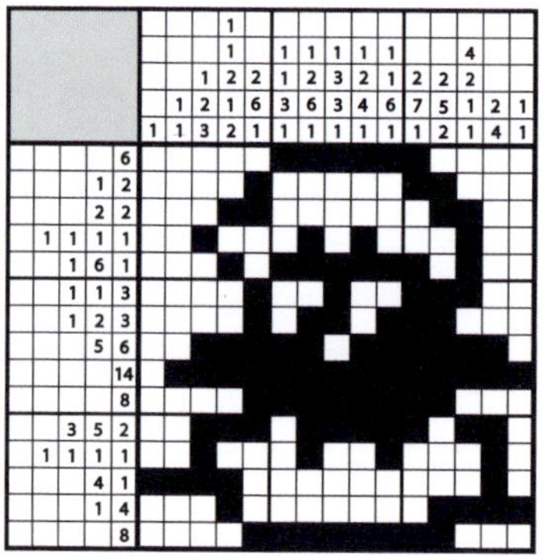

PAGE 11

Proverbes en désordre

Dans un pays sans chien, on ferait aboyer le chat. (Proverbe géorgien)

Il ne faut pas donner au chat comme il miaule. (Proverbe français)

PAGE 13

Chats mêlés : MAINE COON

M	E	T	T	E	L	O	I	V
V	A	N	I	L	L	E	W	A
W	A	I	H	S	O	Y	O	R
I	L	Y	U	M	I	V	O	Y
N	A	W	O	M	I	X	D	H
N	N	Z	E	D	O	E	Y	P
I	N	E	E	N	A	N	O	E
E	C	O	O	U	D	A	E	Z
Z	E	L	D	A	S	Y	N	V

PAGE 14

Copycat

Le chat n° 8.

PAGE 15

Au poil !

Laperm, Cornish Rex et German Rex se caractérisent par des poils bouclés.

Chat en pyramide

C	H	A	O	S						
C	H	A	L	E	T					
C	H	A	M	O	I	S				
C	H	A	L	O	U	P	E			
C	H	A	P	I	T	R	E	S		
C	H	A	M	A	N	I	Q	U	E	
C	H	A	T	O	U	I	L	L	E	S

PAGE 16

Domino cat

PAGE 17

Labyrinthe

Chat mystère

Le Bengal.

PAGE 18

Entrechats

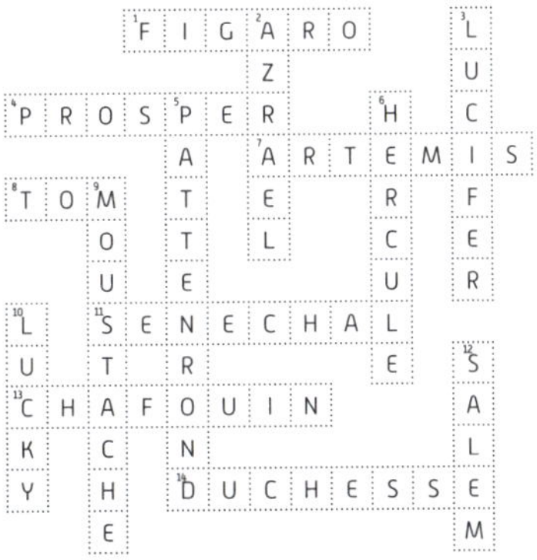

PAGE 20

Chat logique

Un drôle d'oiseau.

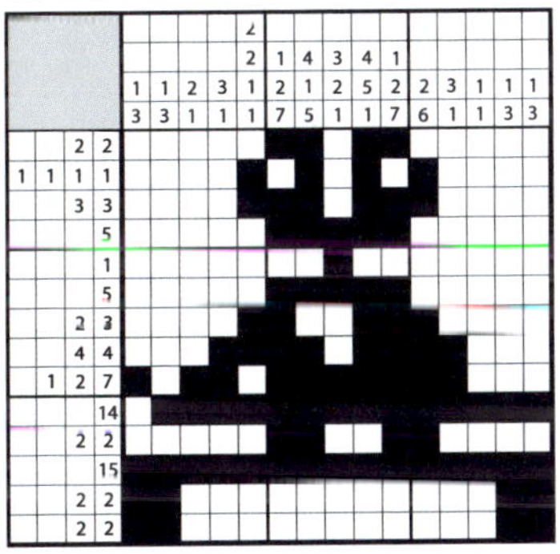

PAGE 22

Objets cachés

PAGE 23

Proverbes en désordre

Qui veut nourrir le chat doit nourrir le rat. (Proverbe occitan)

Mieux vaut une souris dans la gueule du chat, qu'un client aux mains de l'avocat. (Proverbe italien)

PAGE 24

Chats mêlés : BENBENCATCAT

PAGE 25

Le bon agencement

Chat mystère

Le Bleu Russe.

PAGE 26

Labyrinthe

D'une race à l'autre

C	U	R	I	E	U	S	E	S	Indiscrètes
H	E	S	I	T	E	R	A	I	Tâtonnerai
A	B	A	N	D	O	N	N	A	Quitta
U	L	T	I	M	A	T	U	M	Sommation
S	A	I	N	T	M	A	L	O	Cité corsaire (2 mots)
I	N	A	S	S	O	U	V	I	Insatisfait
E	G	Y	P	T	I	E	N	S	Adorateurs de Bastet

PAGE 28

Embrouillamini

Il faut tirer le fil 4

PAGE 29

Mini quiz villes

1. Istanbul.
2. Kiev.
3. À Malte.

PAGE 30

À chacun son chat

Willow	Joe Biden
India	George W. Bush
Socks	Bill Clinton
Misty Malarky Ying Yang	Jimmy Carter
Tom Kitten	John F. Kennedy
Slippers	Theodore Roosevelt
Dixie	Abraham Lincoln

SOLUTIONS

PAGE 31

Chat logique
Un oisillon.

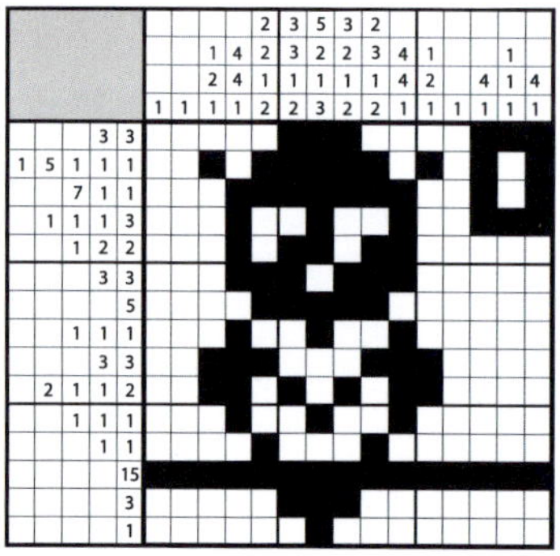

PAGE 33

Grand quiz comportement du chat
1. B.
2. B.
3. B.
4. B.
5. A.

PAGE 34

Domino cat

PAGE 35

Qui a dit ?
1. Léo Ferré.
2. Mark Twain.
3. Jules Renard.

D'une race à l'autre

T	O	R	T	I	L	L	A	Galette de maïs
I	L	L	U	S	I	O	N	Chimère
F	O	C	C	A	C	I	A	Petit pain italien
F	R	A	G	M	E	N	T	Morceau
A	M	A	R	E	T	T	O	Alcool italien
N	A	T	I	O	N	A	L	Qui concerne un pays
Y	A	M	A	K	A	S	I	Acrobate urbain

PAGE 36

Sudocat

Y	E	C	T	N	L	O	P	A
O	P	L	Y	E	A	N	C	T
T	N	A	O	C	P	E	Y	L
L	O	T	P	Y	N	A	E	C
A	Y	P	C	L	E	T	N	O
N	C	E	A	T	O	P	L	Y
P	L	Y	N	O	T	C	A	E
C	T	N	E	A	Y	L	O	P
E	A	O	L	P	C	Y	T	N

PAGE 37

Petit quiz
1. Le Japanese Bobtail.
2. Le Toyger.
3. Le Bombay.

T'as de beaux yeux !
1. VRAI La seule couleur autorisée pour les yeux du Havana Brown est le vert dans toutes les nuances.
2. FAUX Le Tonkinois peut avoir les yeux bleus (colourpoint), aigue-marine (mink), ou ambre (sépia).
3. VRAI Les yeux du Ragdoll sont grands et ovales, d'un bleu le plus intense possible.
4. VRAI Le Bombay a de grands yeux ronds d'une belle couleur dorée.
5. FAUX Le Chartreux a des yeux de couleur jaune à orange.

PAGE 40

Embrouillamini

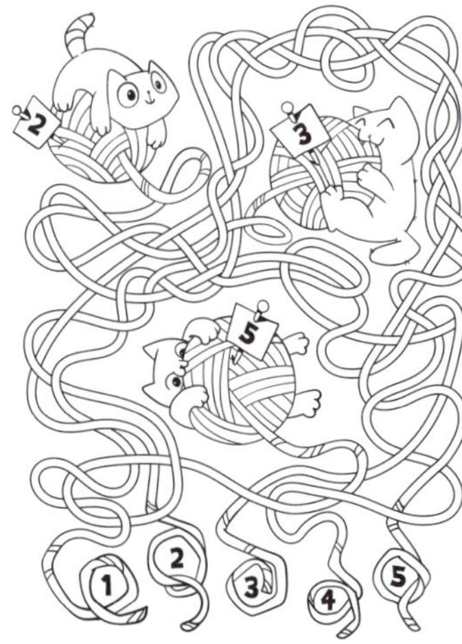

PAGE 41

Proverbes en désordre
Dans l'œil d'un chat, tout appartient aux chats. (Proverbe anglais)
Le chat a été créé lorsque le lion a éternué. (Proverbe arabe)

PAGE 42

Labyrinthe

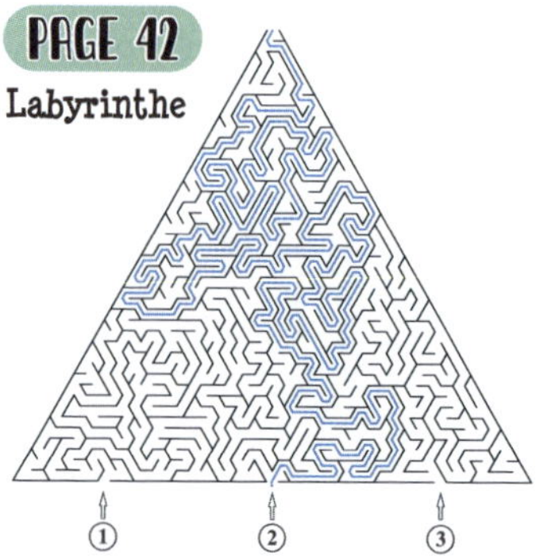

D'une race à l'autre

A	R	B	I	T	R	E	R	Trancher
B	E	R	E	Z	I	N	A	Désastre
Y	A	C	H	T	I	N	G	Plaisance
S	H	E	T	L	A	N	D	Petit cheval écossais
S	C	E	N	A	R	I	O	Intrigue
I	M	M	O	R	T	E	L	Éternel
N	O	T	A	R	I	A	L	Traité à l'étude par un clerc

PAGE 43

Chats mêlés

AUSTRALIAN MIST

B	A	C	I	R	M	Y	C	E	U	L
O	N	D	T	O	Y	G	E	R	L	I
M	A	E	L	A	G	N	E	B	R	A
B	S	V	L	T	A	R	O	K	U	T
A	R	O	L	M	H	S	T	R	C	B
Y	E	N	O	A	T	A	C	I	C	O
O	P	A	D	L	O	F	I	L	I	B
R	H	R	G	M	S	O	K	O	K	E
K	E	A	A	B	Y	S	S	I	N	N
X	M	U	R	S	A	F	A	R	I	I
T	O	N	K	I	N	O	I	S	S	T

PAGE 48

Chat logique

Un compagnon de jeu.

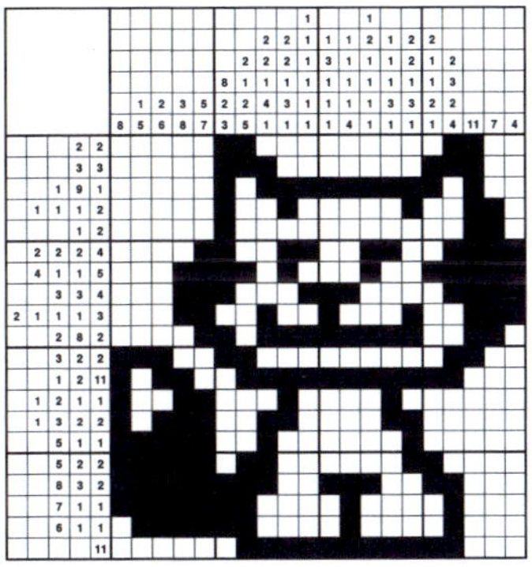

PAGE 52

Objets cachés

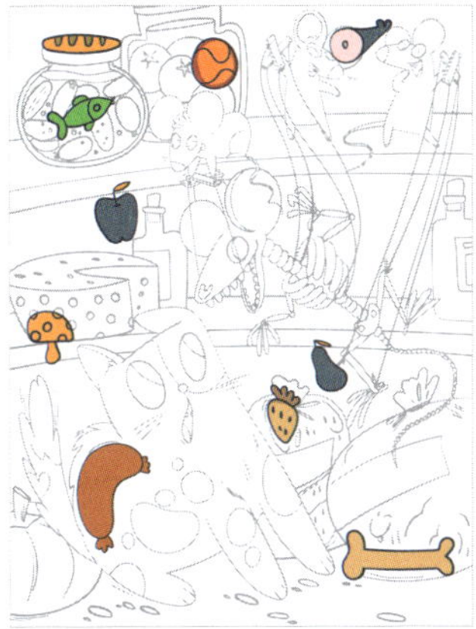

PAGE 44

Petit quiz

1. Le Kurilian Bobtail.
2. Le Cornish Rex.
3. Le Sokoké.

D'une race à l'autre

S	U	R	P	L	O	M	B	Domine le vide
A	P	P	R	O	U	V	A	Adopta
V	E	R	T	I	C	A	I	Perpendiculaire au sol
A	P	P	R	E	N	T	I	Futur pro
N	A	T	A	T	I	O	N	Sport aquatique
N	E	B	R	A	S	K	A	État du Midwest américain
A	C	C	R	O	U	P	I	Assis sur les talons
H	A	R	I	C	O	T	S	Fèves

PAGE 46

Chat mystère

L'European Shorthair.

Qui a dit ?

1. Brigitte Bardot.
2. Mark Twain.
3. Alberto Giacometti.

PAGE 50

Chat en pyramide

C	H	A	S	T	E									
M	E	C	H	A	N	T								
C	H	O	C	O	L	A	T							
M	A	C	C	H	I	A	T	O						
S	C	H	E	M	A	T	I	S	E					
E	C	H	A	N	T	I	L	L	O	N				
P	S	Y	C	H	O	P	A	T	H	C	S			
O	R	Ç	H	E	S	T	R	A	T	I	O	N		
T	C	L	E	C	H	A	R	G	E	M	E	N	T	
S	Y	N	C	H	R	O	N	I	S	A	T	I	O	N

PAGE 51

Chat mystère

Le Chartreux.

Copycat

Le chat 6 et le chat 8.

PAGE 53

Embrouillamini

SOLUTIONS

PAGE 55

Entrechats

	C	A	R	A	C	A	L			
					H			M		
C		P	U	M	A			A		
O		A			T	I	G	R	E	
L	Y	N	X					G		
O		T		L		C	H	A	U	S
C		H		I				Y		E
O	C	E	L	O	T					R
L		R		N						V
O		E			G	U	I	G	N	A
										L

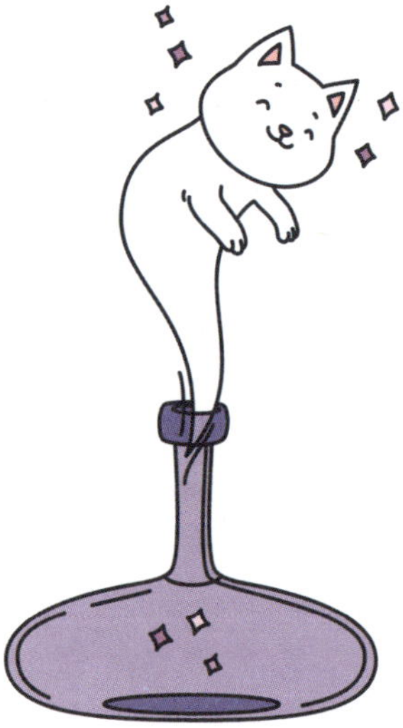

PAGE 56

Le bon agencement

D'une race à l'autre

B	I	B	E	N	D	U	M	Mascotte en pneu
U	S	U	R	P	E	R	A	Volera
R	A	G	O	N	D	I	N	Gros rongeur
M	O	U	C	H	A	R	D	Balance
I	N	S	P	E	C	T	A	Vérifia
L	O	U	V	O	Y	E	R	Tergiverser
L	O	U	P	E	R	A	I	Raterai
A	R	L	E	Q	U	I	N	Personnage de la commedia dell'arte

PAGE 59

Chat en pyramide

M	I	N	O	U	S								
M	A	N	I	T	O	U							
M	I	S	S	O	U	R	I						
M	I	N	O	T	A	U	R	E					
C	A	M	I	O	N	N	E	U	R				
C	A	M	B	R	I	O	L	E	U	R			
C	R	I	M	I	N	O	L	O	G	U	E		
E	M	P	O	I	S	O	N	N	E	U	S	E	
M	I	S	E	R	I	C	O	R	D	I	E	U	X

MIXTE
Papier | Pour une gestion forestière responsable
FSC® C007507
FSC www.fsc.org

Ce livre est composé de matériaux issus de forêts bien gérées, certifiées FSC® et d'autres sources contrôlées, garantissant la démarche de développement durable de l'éditeur et de l'imprimeur. Les éditions Rustica utilisent des papiers composés de fibres naturelles, renouvelables, recyclables et fabriquées à partir de bois issus de forêts qui adoptent un système d'aménagement durable.

N° d'édition : 25L0639
Achevé d'imprimer en avril 2025 par Graphycems (Espagne).